数学读题能力有效提升

天才数学秘籍

［日］水岛醉 著　日本认知工学 编　卓扬 译

读懂题、读对题
是正确解答数学题
的关键

适用于小学
3 年级及以上

山东人民出版社

国家一级出版社　全国百佳图书出版单位

图书在版编目（CIP）数据

天才数学秘籍. 读懂题、读对题是正确解答数学题的
关键 ／（日）水岛醉著；日本认知工学编；卓扬译. --
济南：山东人民出版社，2022.11
ISBN 978-7-209-14029-4

Ⅰ．①天… Ⅱ．①水… ②日… ③卓… Ⅲ．①数学—少儿读物 Ⅳ．①01-49

中国版本图书馆CIP数据核字(2022)第174473号

山东省版权局著作权合同登记号　图字：15-2022-146

天才数学秘籍·读懂题、读对题是正确解答数学题的关键

TIANCAI SHUXUE MIJI DUDONGTI、DUDUITI SHI ZHENGQUE JIEDA SHUXUETI DE GUANJIAN

[日] 水岛醉 著　　日本认知工学 编　　卓扬 译

主管单位	山东出版传媒股份有限公司
出版发行	山东人民出版社
出 版 人	胡长青
社　　址	济南市市中区舜耕路517号
邮　　编	250003
电　　话	总编室 (0531) 82098914
	市场部 (0531) 82098027
网　　址	http://www.sd-book.com.cn
印　　装	固安兰星球彩色印刷有限公司
经　　销	新华书店
规　　格	24开（182mm×210mm）
印　　张	4.25
字　　数	45千字
版　　次	2022年11月第1版
印　　次	2022年11月第1次
ISBN	978-7-209-14029-4
定　　价	380.00元（全10册）

如有印装质量问题，请与出版社总编室联系调换。

目 录

问题篇

致本书读者

■ 学习语文有困难的孩子，往往也不会读应用题

课间，有学生过来提问。

"哪里不懂？""这道题。""嗯，那你把这道题的题干读一遍吧。""已经看过题目了。""现在在这里，你再念出声读一遍。""'昨天，小明有 20 颗弹珠，小花有 30 颗弹珠。今天，小明把自己的 5 颗弹珠给了小花……'啊，我知道了！"

像这样的场景经常上演——对这些来问题目的孩子，我通常会让他们先好好地出声再读一遍题目，在我没有任何解释的前提下，这些孩子就自然而然明白了问题。

还有一部分学生，自己看题目的时候毫无头绪，但在我这里念一念题目，就忽然灵光一闪有了解题思路。

当然，归根结底是看题目的难易程度。但是不能否认，如果让孩子出声读一读题目，或是让教师来给孩子念题的话，大约会有半数以上的学生能从中获益，并顺利进入自行解题的状态。

读题的能力，不仅针对数学，也应用于各个科目之中。我相信，很多说着"这道题我不会"的孩子，他们并非因为题目太难而解不出来，更多的是没弄明白题目的意思。

在教学、指导过程中，我也发现，在不擅长语文的学生中，有八成孩子不会阅读应用题。

因此通过"认真读题"的练习，不仅能提升孩子解数学应用题的能力，还能提高孩子的语文（也包括其他学科）成绩。

你也许很惊讶这样的结论，但这确实是事实。我会对家长说"请不要让孩子做'碎片化片段阅读练习'"的理由，也正是基于此。

本身阅读理解能力不好的孩子，遇上"碎片化片段阅读练习"，往往容易养成一些钻空子的阅读习惯，使得包括阅读能力在内的语文能力下降。

■ 不会解应用题的孩子，往往不会读题！

针对数学，我认为许多不会解应用题的孩子，往往是不会读题目的题干。或者说，一些学生面对平常的题目能够正确回答，一旦问题以应用题的形式出现，他们就束手无策了。比如，当面对一道速度问题时，很多学生并不是败在不会求解速度的公式上，而是止步于问题的题干。读不懂，便解不了。

随着信息化社会的高速发展，在将来，人工智能（AI）代替人类似乎也并非天方夜谭。应对当今社会这样的快速变化，思维能力的培养显得愈加重要。此外，随着远程模式的普及，人们更容易区别必要与非必要的工作，不必要的工作正在逐渐被淘汰。

我认为，思考事物的呈现方式，尤以"语言"为要。因此深入理解"语言"并成功驾驭它，就是思考事物的基础。也就是说，"阅读理解能力"是"思维能力"的基石。近年来，随着社会形势的变化，人们对于"阅读理解能力"的认识程度和重视程度也越来越高了。

■ 《读懂题、读对题是正确解答数学题的关键》，是一本助力攻克应用题的图书

本书是由 M·ACCESS 辅导机构成员，经过多年积累并接触大量学生的成果，也是一本完全自主研发的图书。

在市面上，像本书这样能够指出学生没能解开问题的原因是"不能正确读懂题目"的图书并不多见。

"我明白了认真读题的重要性。""读懂了题目，是解题成功的一半。""数学成绩提高了。"……在实际试用过程中，我们也陆陆续续收获了许多学生的良好反馈。

与此同时，还有很多孩子和我说，"掌握了准确而有条理地表达自己思维过程的解题方法"。

本书的一大特色是，"对题干难度的精准把握"。通常来说，只要认认真真读题，就能解开题目。其中，一些小学低年级难度的数学题目也被本书收录。归根结底，我们希望通过本书，让更多人理解"读题的重要性"。

此外，本书还收录了一些"另类题目（无解的题目、有多种解题方法的题目）"。通过这些题目，学生能更深入地体会阅读题目的重要性。

最后，本书还想传达给大家这样的道理——"我们在直面人生的难题时，也会有许多无能为力的时刻。"

话不多说，敬请享受本书的"数学阅读理解"之妙吧。

※ 碎片化片段阅读练习：摘取长篇文章的一部分，设置相应问题进行阅读练习，这是大部分语文阅读理解问题会采用的方法。对于一些并不擅长阅读的孩子来说，在进行碎片化片段阅读练习时，有时会走入误区。比如，看到"请用5个字概括文章内容"的问题时，他们不会先阅读一遍文章再回答，而是直接在文章里筛选适合的"5字"词汇。这种做法，让阅读理解的意义荡然无存。

例题 1

　　小红同学有15元，小丽同学有20元。两人一起去文具店买东西。小丽本来打算购买1支铅笔和1支红笔，后来觉得铅笔不够用，于是买了5支铅笔和1支红笔。小红本来打算购买1个笔盒和1把15cm的尺子，后来觉得笔盒太贵了，于是买了1把2元的尺子和6枚夹子。请问购物之后，两人一共还剩下多少钱？已知1个笔盒10元，1支铅笔2元，一支红笔4元，1枚夹子1元。

例题 1　解析

想要解开一道应用题，需要关注以下两个关键点。

一、是否完全理解题干。
二、是否明确所要求的内容（提问的内容）。

其中，要特别注意第二点，即"是否明确所要求的内容"。许多学生在没有弄清楚这点的时候，就着急忙慌开始解应用题了。这样匆忙解题的结果，自然是无功而返。

现在，让我们回到［例题**1**］中，看看这道题的问题是什么吧。在［例题**1**］中，所要求的内容你都抓住了吗？

首先，可以分析问题所要求的内容，
既不是"所有已购商品的总价是多少"，　A
也不是"两人一共有多少钱"。　　B

正确的理解应该是：
"……购物之后，两人一共还剩下多少钱"。

如果把问题理解成"A"，就会得出这样的答案：所有已购商品的总价是"22 元"。
同样，如果把问题理解成"B"，就会得出这样的答案：两人一共有"35 元"钱。
不认认真真读题的话，就抓不住问题的关键点。一通计算下来，也得不出正确答案。

在本题中，至少要获取"……购物之后，两人一共还剩下多少钱"这一信息点，才能将问题顺利答出。

因为所求的是"购物之后"所剩的钱，所以只需要用两人最初所持有的钱减去购物金额，就是问题所求的答案了。

正确理解问题内容，对于解答应用题来说是多么重要的一件事呀。

理解问题所求的内容，明白问题的题干，就是能通向正确答案的道路。

所以接下来，我们要讲一讲"正确理解应用题的题干"。

通读［例题 **1**］的题干，可以发现重要的信息并不是集中出现的。如果不进行一定的信息筛选和整理，也不便于列式子。

因此请大家按照以下的格式，把［例题 **1**］题干中的重要信息再重新写一遍。按照时间顺序，列出"小红"的所有行动，同样，也列出"小丽"的所有行动。

✎ 例题 **1** 改写

小红同学有 15 元。她在文具店买了 1 把 2 元的尺子和 6 枚 1 元的夹子。

小丽同学有 20 元。她在文具店买了 5 支 2 元的铅笔和 1 支 4 元的红笔。

请问购物之后，两人一共还剩下多少钱？

经过改写之后，这道应用题的逻辑就变得非常清晰了。

从〔例题**1**〕到〔例题**1**改写〕，这种对信息的筛选和整理，就是能否正确读懂题目的关键。它考察了学生的"阅读理解能力"。

根据改写，可以轻松列出相应的式子，答案也就呼之欲出了。根据应用题列出式子，这种能力其实就是阅读理解能力。

小红还剩：$15 - (2 + 1 \times 6) = 7$（元）

小丽还剩：$20 - (2 \times 5 + 4) = 6$（元）

两人一共还剩：$7 + 6 = 13$（元）

答案　13 元

在学校的数学教学中，老师通常会让学生在列式计算时"去掉单位"。在本书中，我们为了让同学们更好地理解题目内容，提高列式子的正确率，建议在列式子的时候写上完整的"单位"。

小红还剩：15 元 $-$（2 元 $+ 1$ 元 / 枚 $\times 6$ 枚）$= 7$ 元

小丽还剩：20 元 $-$（2 元 / 支 $\times 5$ 支 $+ 4$ 元）$= 6$ 元

两人一共还剩：7 元 $+ 6$ 元 $= 13$ 元

答案　13 元

接下来，让我们再来看一道例题吧。

10 岁的小红同学有 15 元，11 岁的小丽同学有 20 元。两人一起去文具店买东西。小丽本来打算购买 1 支铅笔和 1 支红笔，想起明天是小红的生日，于是在买了自己的东西之后，又多买了 4 支铅笔作为生日礼物。小红本来打算购买 1 个笔盒和 1 把 15cm 的尺子，后来觉得笔盒太贵了，于是买了 1 把 2 元的尺子和 6 枚夹子。小红的生日是 9 月 2 日，小丽的生日是 4 月 25 日。请问购物之后，两人一共还剩下多少钱？已知 1 个笔盒 10 元，1 支铅笔 2 元，一支红笔 4 元，1 枚夹子 1 元。

📝 例题 2 解析

请认真读题。这是一道和〔例题 1〕相差不大的应用题。

区别在于加入了一些与问题毫不相干的干扰数据，比如两人的年龄、生日。

像〔例题 1〕一样，进行信息的筛选和整理，这道题会变成什么样呢？

小红同学有 15 元。她在文具店买了 1 把 2 元的尺子和 6 枚 1 元的夹子。

小丽同学有 20 元。她在文具店买了 5 支 2 元的铅笔和 1 支 4 元的红笔。

请问购物之后，两人一共还剩下多少钱？

这与〔例题 **1** 改写〕是一模一样的呀。

同样的问题，列出的式子也相同。

小红还剩：15 元－（2 元＋1 元／枚 ×6 枚）＝ 7 元

小丽还剩：20 元－（2 元／支 ×5 支＋4 元）＝ 6 元

两人一共还剩：7 元＋6 元＝ 13 元

这道题的计算一点也不难。只要我们掌握好题干和问题的信息，就能顺利解出题目了。

答案 13 元

10 岁的小红同学有 15 元，11 岁的小丽同学有 20 元。两人一起去文具店买东西。小丽本来打算购买 1 支铅笔和 1 支红笔，想起明天是小红的生日，于是在买了自己的东西之后，又多买了 4 支铅笔作为生日礼物。小红本来打算购买 1 个笔盒和 1 把 15cm 的尺子，后来觉得笔盒太贵了，于是买了 1 把 2 元的尺子和 6 枚夹子。小红的生日是 9 月 2 日，小丽的生日是 4 月 25 日。已知 1 个笔盒 10 元，1 支铅笔 2 元，一支红笔 4 元，1 枚夹子 1 元。请问今天是几月几日？

例题 3 解析

请注意，这道题的问题是"请问今天是几月几日"，因此只需要关注和日期有关的信息就可以了。题目中出现的关于文具的金额和数量全都可以忽略。

根据题目，我们同样进行信息的筛选和整理。

例题 3 改写 1

小红 10 岁，小丽 11 岁。
明天是小红的生日。
小红的生日是 9 月 2 日，小丽的生日是 4 月 25 日。
请问今天是几月几日？

通读一遍［例题 **3** 改写1］后，可以发现其中依然留存着一些干扰数据，比如"两人的年龄""小丽的生日"。因此我们需要进行再一次的筛选和整理。

✏️ 例题 **3** 改写 2

> 明天是小红的生日。
> 小红的生日是 9 月 2 日。
> 请问今天是几月几日？

清清爽爽就这么简单。

答案来了，今天是 9 月 1 日。

答案　9 月 1 日

以上三道例题，向大家验证了前文所说的道理："是否完全理解题干"和"是否明确所要求的内容"是解应用题的关键。

在数学中，准确而有条理地筛选整理信息的能力，就是语文的"阅读理解能力"。

我们常常遇到这样的情况，明明是擅长数学的孩子，却因为没能读懂题目内容而与正确答案失之交臂。

通过本书的学习和练习，相信大家能发现一条应用题的精进之道。当然，也有助于提高语文的阅读理解能力哦。

话不多说，让我们从"初级篇"开始加油吧！

问题
1

小花从自己 150 元的零花钱中，拿了 60 元去购物。弟弟小明也从自己的零花钱中拿了 70 元和小花一起去买东西。小花和小明一起合买了 100 元的鲜花准备作为生日礼物送给妈妈。购物之后，两人的零花钱一共还剩多少钱？已知最初小明的零花钱是 120 元。

答案：

▶正确答案在下一页！

首先来看一下，这道题所求的内容。"购物之后，两人的零花钱一共还剩多少钱"，因此问题的重点是"两人的零花钱总额"，而不是"两人带出去的钱"。

　　已知小花的零花钱是150元，小明的零花钱是120元（←请注意这个最后才出现的信息）。

　　根据题干可知，"他们一起合买了100元的鲜花"，也就是说两人一共花费了100元。

　　因此，可列出式子：

150 元 + 120 元 − 100 元 = 170 元

答案　170 元

问题 2

小明同学做作业需要花费 2 小时。完成同样的作业，小夫同学先做 1 小时，然后休息 30 分钟，再接着做 1 小时。那么，请问谁先完成作业，他比另一位同学早几小时几分？已知小明从下午 4 点开始做作业，小夫从下午 3 点 45 分开始做作业。

答案：

▶正确答案在下一页！

与之前相同，首先来看一下，这道题"所求的内容"。

可以发现，问题是"谁先完成作业，他比另一位同学早几小时几分"，想要知道做完作业的时间，就需要掌握两点信息：开始做作业的时间和做作业花费的时间。

经过梳理之后，可以得到如下信息。

	开始时间	需要的时间
小明	下午 4 点	做作业 2 小时
小夫	下午 3 点 45 分	做作业 1 小时，休息 30 分钟，做作业 1 小时

根据表格，可以列出式子。

小明：下午 4 点＋2 小时＝下午 6 点

小夫：下午 3 点 45 分＋1 小时＋30 分钟＋1 小时＝下午 6 点 15 分

下午 6 点 15 分－下午 6 点＝15 分钟

答案　小明比小夫早 15 分钟完成作业

问题 3

小云有 12 颗糖果，她给了小亚 7 颗糖果。小亚因为有了好多糖果，于是一口气吃了 9 颗。之后，小亚又给了妹妹小雪 2 颗糖果。最后，小云从妈妈那里拿了 4 颗糖果。已知小亚最开始有 23 颗糖果，请问现在小云和小亚各有多少颗糖果？

答案：

▶正确答案在下一页！

本题所求的内容是"现在小云和小亚各有多少颗糖果"。

　　阅读题干可知，小云和小亚的糖果数量一直在变化，这需要我们对信息进行整理。

　　小云：12 颗→给出 7 颗→获得 4 颗

　　小亚：23 颗→获得 7 颗→吃掉 9 颗→给出 2 颗

　　根据内容，列出式子。

　　小云：12 颗－7 颗＋4 颗＝9 颗

　　小亚：23 颗＋7 颗－9 颗－2 颗＝19 颗

答案　小云有 9 颗，小亚有 19 颗

问题 4

8 天之后，学校将举行毕业生欢送会。欢送会 3 天之前，开始进行准备工作。已知准备工作从 3 月 11 日开始。请问今天是几月几日？

答案：

▶正确答案在下一页！

本题所求的内容是"今天是几月几日"。像日期、时间的推算，以及涉及年龄的问题，建议大家列出表格方便思考。

在列表之前，先来将顺题干的内容，抓一抓题目的重要信息。

❶8天之后将举行毕业生欢送会

❷欢送会3天之前开始准备工作

❸准备工作从3月11日开始

根据以上信息，请试着列出一个日程表。

❶

	1天后	2天后	3天后	4天后	5天后	6天后	7天后	8天后
今天								欢送会

❷

	3天前	2天前	1天前
准备	→		欢送会

❸

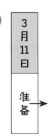

	3月11日
	准备 →

将❶、❷、❸表格的信息汇总到一张表格中。

	1天后	2天后	3天后	4天后	5天后	6天后	7天后	8天后
今天				准备 3月11日	→		欢送会
				3天前	2天前	1天前	

答案　3月6日

问题 5

我 5 岁的时候，妈妈 34 岁。爸爸 60 岁的时候，妈妈 56 岁。

① 我 20 岁的时候，爸爸几岁？

② 我现在几岁？

答案：①   ②

▶正确答案在下一页！

建议大家试着列出表格方便思考。
在列表之前，先整理题干中出现的
重要信息。

❶ 我 5 岁时妈妈 34 岁

❷ 爸爸 60 岁时妈妈 56 岁

❶

爸爸	岁	岁	岁
妈妈	34 岁	岁	岁
我	5 岁	岁	岁

❷

爸爸	岁	岁	60 岁
妈妈	34 岁	岁	56 岁
我	5 岁	岁	岁

问题①：我 20 岁的时候，爸爸几岁？

爸爸	岁	? 岁	60 岁
妈妈	34 岁	岁	56 岁
我	5 岁	20 岁	岁

已知我和妈妈相差：34 岁 － 5 岁
＝ 29 岁。

当我 20 岁的时候，妈妈的年龄是：
20 岁 ＋ 29 岁 ＝ 49 岁。

爸爸	岁	? 岁	60 岁
妈妈	34 岁	49 岁	56 岁
我	5 岁	20 岁	岁

已知爸爸和妈妈相差：60 岁 － 56
岁 ＝ 4 岁。

当妈妈 49 岁的时候，爸爸的年龄
是：49 岁 ＋ 4 岁 ＝ 53 岁。

爸爸	岁	53 岁	60 岁
妈妈	34 岁	49 岁	56 岁
我	5 岁	20 岁	岁

①答案　53 岁

问题②：我现在几岁？

在以上表格中，已经将题目涉及的
内容全部进行了整理。根据已知的
信息，并不能获悉我现在的年龄。

②答案　本题无解

问题 6

妈妈让小刚去水果店买水果，买7个单价为10元的火龙果，买6个单价为4元的苹果。到了水果店，小刚首先买了自己想吃的草莓1盒，1盒的价格是90元，里面有20个草莓。

因为带的钱不够了，所以小刚最后买了6个火龙果和4个苹果。今天店里打折，1个火龙果的折后价为9元，4个苹果的折后价为15元。那么，请问小刚一共买了多少钱的水果？

答案：

▶正确答案在下一页！

本题的问题是"小刚一共买了多少钱的水果"。我们首先来整理一下小刚实际购买的水果数量和它的价格。

水果	价格
1 盒草莓	90 元
6 个火龙果	9 元 / 个 ×6 个 = 54 元
4 个苹果	4 个一共 15 元

　　根据表格，列出式子。

　　90 元 + 9 元 / 个 ×6 个 + 15 元 = 159 元

答案　159 元

问题 7

车站 A 和车站 B 的距离是 40km，坐普通火车需要 25 分钟。

车站 B 和车站 C 的距离是 28km，坐普通火车需要 15 分钟。

车站 C 和车站 D 的距离是 51km，坐普通火车需要 28 分钟。

从车站 A 到车站 D，可以乘坐快速火车，只需要 45 分钟，火车在车站 B 和车站 C 都不会停车。在不考虑车站停车时间的前提下，请回答以下问题。

① 从车站 A 经过车站 B，到达车站 C，需要花费多少时间？

② 车站 A 和车站 C 之间的直线距离是多少？

答案：①   ②

▶正确答案在下一页！

① 这道题可以通过画图来解答。画图是帮助我们理解问题的好帮手，如果你看完题目内容依旧画不出来，说明你对题干信息没有完全掌握。

根据画图，列出式子。

25 分钟 +15 分钟 =40 分钟

答案 　40 分钟

② 如上图所示，我们是假设车站 A、B、C 都在一条直线上，进行作图。如果假设成立，我们的确可以很轻松地算出车站 A 和车站 C 之间的直线距离。而在实际生活中，我们面对的情况更多的是如下图所示，各个车站并不一定在一条直线上。因此根据本题现有信息，我们推断不出车站 A 和车站 C 之间的直线距离。

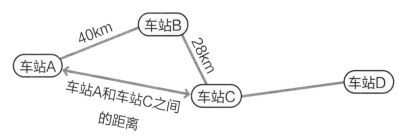

答案 　本题无解

问题 8

小健、小军、小明都是图书馆的管理员。现在，图书馆的所有书籍将换置于 5 个新书架上。他们三人一共需要搬运 570 本图书。为了公平，原本计划每人搬运书籍的数量是相同的。在搬运的过程中，小健将自己的 3 本书放在了小军那边。小军又将自己的 2 本书放在了小明那边、4 本书放在了小健那边。小明把小军的 1 本书放在了小健那边。已知小健每次搬运 5 本书，请问实际他一共要搬运多少次？

答案：

▶正确答案在下一页！

本题看似内容很多，其实逐一梳理之后，一点都不难。关键是要细心整理信息。

❶ 一共需要搬运 570 本书

❷ 三人平分要搬运的书

❸ 小健减少 3 本，小军增加 3 本

❹ 小军减少 2 本，小明增加 2 本

❺ 小军减少 4 本，小健增加 4 本

❻ 小军减少 1 本，小健增加 1 本

❼ 小健每次搬运 5 本书

其中，❹ 和小健无关，就不用考虑了。

可以总结出，小健减少 3 本、增加 4 本、增加 1 本。

原本计划每人搬运的数量：570 本 ÷3 人 = 190 本／人

小健实际搬运的数量：190 本 − 3 本 + 4 本 + 1 本 = 192 本

192 本 ÷5 本／次 = 38 次……2 本

每次搬运 5 本，经过 38 次后，还剩余 2 本。也就是说，还需要再搬运 1 次。

即，38 次 + 1 次 = 39 次

答案　39 次

问题 9

公园来了3位小朋友，其中1人带着2只小狗。狗狗叫起来，让5只鸽子从公园里飞走了。在附近遛着1只狗的1位阿姨，因为想看看小狗，于是也进入了公园。在公园的小朋友中，其中1人的妈妈就是这个阿姨。这位小朋友因为还没完成3天前的作业，怕挨妈妈的骂，于是匆匆忙忙地跑出公园了。就在这时，又有几只鸽子飞走了。请问，最开始公园里有几人？已知现在公园里有4只狗、7只鸽子、4位小朋友、3位成年人。

答案：

▶正确答案在下一页！

本题的问题是，"最开始公园里有几人"，因此完全不需要考虑狗和鸽子的问题，只用整理公园里人员的出入情况就可以了。

❶ 进入 3 人（小朋友）

❷ 进入 1 人（阿姨）

❸ 出去 1 人（小朋友）

❹ 现有 4 人（小朋友）、3 人（成年人）

　　假设最开始公园里有□人，可得：

□人＋3人＋1人－1人＝4人＋3人

□人＋3人＝7人

□人＝7人－3人＝4人

答案　4 人

问题 10

公园来了 5 位小朋友，其中 2 人各带着 1 只小狗。狗狗叫起来，让 7 只鸽子从公园里飞走了。在附近遛着 3 只狗的 1 位阿姨，因为想看看小狗，于是也进入了公园。在公园的小朋友中，其中 1 位六年级学生的妈妈就是这个阿姨。这位小朋友因为还没完成 4 天前的作业，怕挨妈妈的骂，于是匆匆忙忙地跑出公园了。就在这时，又有几只鸽子飞走了。请问，最开始公园里有几人？已知现在公园里有 3 位四年级学生、2 位五年级学生、3 位成年人。

答案：

▶正确答案在下一页！

话不多说，同样不需要考虑狗和鸽子的问题，只用整理公园里人员的出入情况就可以了。

① 进入 5 人（小朋友）

② 进入 1 人（阿姨）

③ 出去 1 人（六年级学生）

④ 现有 3 人（四年级学生）、2 人（五年级学生）、3 人（成年人）

整理完毕之后，我们就可以像 问题9 一样进行思考了吗？不对，这两道题给出的信息并不相同哦。

仔细观察题干，有这样的说明"现在公园里有 3 位四年级学生、2 位五年级学生、3 位成年人"。但是，关于其他学年学生的信息并没有出现。比如说，六年级学生最初有多少人，现在有多少人。

也就是说，这道题给出的信息并不完整，我们仍然不能知晓公园现在的人数。因此也就不能推算出最开始公园里有多少人了。

答案　本题无解

问题 11

姐姐最近在健身。在晴天，会慢跑 30 分钟加跳绳 50 次；在阴天，会慢跑 20 分钟加跳绳 60 次；在雨天，会跳绳 100 次。从开始健身到现在，姐姐已经坚持了 30 天。在这 30 天中，一共有晴天 14 天，阴天 10 天，雨天 6 天。请问，姐姐在这 30 天中一共做了多少运动？已知有 2 个雨天，姐姐什么都没干。

答案：

▶ 正确答案在下一页！

我们先对信息进行整理。

已知在 6 个雨天中，有 2 天什么都没干，所以健身的雨天有：

6 天－2 天＝4 天。

慢跑：

晴天 30 分钟 / 天·14 天、阴天 20 分钟 / 天·10 天、雨天 0 分钟 / 天·4 天

跳绳：

晴天 50 次 / 天·14 天、阴天 60 次 / 天·10 天、雨天 100 次 / 天·4 天

经过以上的梳理，这道题就非常简单了。

慢跑：

30 分钟 / 天 ×14 天＋20 分钟 / 天 ×10 天＋0 分钟 / 天 ×4 天＝620 分钟＝10 小时 20 分钟

跳绳：

50 次 / 天 ×14 天＋60 次 / 天 ×10 天＋100 次 / 天 ×4 天＝1700 次

答案　慢跑 10 小时 20 分钟（620 分钟）、跳绳 1700 次

问题 12

我最近在健身。在晴天和阴天，会慢跑 40 分钟加跳绳 60 次加俯卧撑 20 个；在雨天，会跳绳 120 次加俯卧撑 30 个。从开始健身到现在，我已经坚持了 20 天。在这 20 天中，一共有晴天 10 天，阴天 6 天，雨天 4 天。请问，我在 20 天中一共跳绳多少次？已知我有 1 天什么都没干。

答案：

▶正确答案在下一页！

根据问题"一共跳绳多少次"，可知完全不用考虑慢跑和俯卧撑的信息。

进行整理可知，

跳绳：

晴天 60 次 / 天·10 天、阴天 60 次 / 天·6 天、雨天 120 次 / 天·4 天

晴天和阴天每天的跳绳次数是相同的，可以统合思考，晴天天数＋阴天天数＝ 10 天＋ 6 天＝ 16 天，则

跳绳：晴天·阴天 60 次 / 天·16 天、雨天 120 次 / 天·4 天

已知我有1天什么都没干。这一天到底是"晴天或阴天"，还是"雨天"，直接影响着跳绳的总次数。

这一未知信息，也导致了本题推不出答案。

答案　本题无解

问题
1

学校 3 天后将举行运动会。我从运动会开始的 10 天前，开始进行掷球练习。同时，拔河一共练习了 5 天，练习的最后一天是 9 月 16 日。请问今天是几月几日？已知拔河练习在掷球练习的第二天开始。

答案:

▶正确答案在下一页！

本题的问题是"今天是几月几日"。

为了方便理解，首先逐一整理出题干的信息。

❶ 学校3天后将举行运动会

❷ 运动会开始的10天前，开始进行掷球练习

❸ 拔河一共练习了5天

❹ 拔河练习的最后一天是9月16日

❺ 拔河练习在掷球练习的第二天开始

以上罗列的信息，还需要我们整理成表格。这样问题的逻辑才会更清晰。

在题干中出现的日期"9月16日"，是本题非常重要的信息，在表格中也不可或缺。当然，在一开始列表的时候，如果涉及没有具体日期的信息，那么画出没有日期的表格也没有关系。

接下来，请根据信息列出日程表。

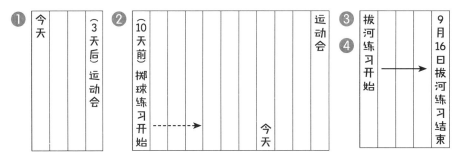

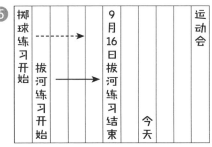

答案　9月18日

问题 2

妈妈在 28 岁的时候，生下了我。哥哥和我年龄相差 3 岁。爸爸比妈妈大 3 岁。请问当爸爸 45 岁时我几岁？

答案:

▶正确答案在下一页！

本题中出现了许多数字，但实际使用的数字并不多。当然，仅仅通过读题我们是不能马上判断哪些数字有用，哪些数字没用的，所以还是要按顺序进行信息的梳理。

❶ 妈妈在 28 岁的时候生下了我→我 0 岁时，妈妈 28 岁

❷ 哥哥和我年龄相差 3 岁→我 0 岁时，哥哥 3 岁

❸ 爸爸比妈妈大 3 岁→妈妈 28 岁时，爸爸：28 岁＋3 岁＝31 岁

通过❶、❸，可知我和爸爸之间的年龄关系。

我 0 岁时妈妈 28 岁，爸爸：28 岁＋3 岁＝31 岁

因为爸爸和我的年龄差是 31 岁，可知，

当爸爸 45 岁时，我的年龄是：45 岁－31 岁＝14 岁

答案　14 岁

在一所名叫绿色小学的学校里，规定学生只能穿白色或绿色的衣服和鞋子。在四（3）班，穿白鞋的学生有 16 人，穿白衬衫的学生有 11 人，穿绿鞋的学生有 9 人。已知学生不会穿白绿两色混合的衬衫、鞋子。

① 四（3）班有多少人？

② 同时穿"绿鞋"和"绿衬衫"的学生在几人以上几人以下？

答案：① _____ ② _____

▶正确答案在下一页！

① 因为学生只能穿白色或绿色的衣服和鞋子，所以根据"鞋子"可以推出全班人数。16 人 +9 人 =25 人

鞋子

白色16人　　　绿色9人

答案　25 人

② 首先算出穿"绿衬衫"的人数，25 人 — 11 人 = 14 人。

假设穿"绿鞋"的 9 位学生都穿了"绿衬衫"，那么这就是同时穿"绿鞋"和"绿衬衫"人数的最大值，也就是 9 人。

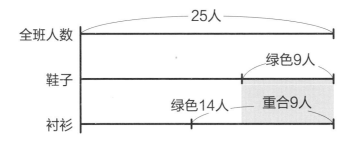

全班人数　　　　25人

鞋子　　　　　　绿色9人

衬衫　　　绿色14人　　重合9人

同样，如果求最小值的话，就是假设穿"绿鞋"和"绿衬衫"的学生尽可能不重合。全班一共有学生 25 人，如下图所示，假设穿"绿鞋"的学生全部穿了"白衬衫"，那么这就是同时穿"绿鞋"和"绿衬衫"人数的最小值，也就是 0 人。

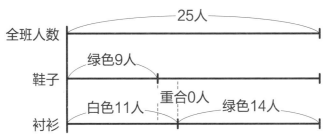

全班人数　　　　25人

鞋子　　　绿色9人

衬衫　　白色11人　　重合0人　绿色14人

答案　0 人以上 9 人以下

问题 4

我每天都做数学练习册。在这本练习册上，每页都有 4 道题，一共有 50 页。我计划每天做 6 道题。在最开始的 5 天里，我每天都能按时完成。第 6 天，学校发了 5 张英语作业的卷子，所以我只做了练习册的 2 道题。第 15 天，我得了感冒，所以当天一道题也没做。第 16 天，我准备赶赶进度，于是比计划多做了 3 道题。第 17 天，我本来还想多做 3 道题，不过最后还是没能完成，只做了计划的数量。请问，我在开始做题的第几天，完成了练习册上的全部题目？已知练习册的封面和封底是没有印刷题目的。

答案：

▶正确答案在下一页！

本题的问题是"我在开始做题的第几天，完成了练习册上的全部题目"。

"练习册里一共有多少道题""每天完成多少道题"，整理出这两点信息，那么问题就迎刃而解了。

● 练习册里一共有多少道题？

　　每页有4道题。练习册有50页。练习册的封面和封底是没有印刷题目的。

　　→每页4道题，共48页。4道／页 ×48页＝192道

● 每天完成多少道题？

第1～5天	：每天6道	6道／天 ×5天＝30道
第6天	：2道	2道
第7～14天	：每天6道	6道／天 ×8天＝48道
第15天	：0道	0道
第16天	：6道＋3道＝9道	9道
第17天以及之后	：每天6道	

截至第16天，共完成题目：30道＋2道＋48道＋0道＋9道＝89道。

→剩余题目的数量为：192道－89道＝103道

接下来，按照每天做6道题的速度进行。

103道 ÷6道／天＝17天……1道←为了这1道题，需要再花费1天时间。

16天＋17天＋1天＝34天

答案　第34天

问题 5

每周的星期二是蔬菜特价日，每周的星期五是肉类特价日。在星期二，所有蔬菜减价 1 元。在星期五，牛肉、猪肉、鸡肉减价 2 元。6 月 6 日是星期三，我买了 253 元的东西。在接下来的蔬菜特价日里，我买了价值 318 元的东西，打折后是 299 元。从这一天到下一个特价日之间，我什么东西都没买。在特价日当天，我买了 7 盒肉，一共花去 467 元。在下一个蔬菜特价日的前一天，我买了西兰花，一个是 23 元。在那之后的第 2 个肉类特价日就在昨天。请问今天是几月几日星期几？

答案：

▶正确答案在下一页！

本题的问题是"今天是几月几日星期几"，因此有关购物金额一概是不需要的信息。

然后对题干进行信息的整理。

每周的星期二和星期五，是附近超市的特价日。在星期二（蔬菜特价日），所有蔬菜减价 1 元。在星期五（肉类特价日），牛肉、猪肉、鸡肉减价 2 元。

A：6 月 6 日是星期三，我买了 253 元的东西。B：在接下来的蔬菜特价日里，我买了价值 318 元的东西，打折后是 299 元。从这一天到下一个特价日之间，我什么东西都没买。C：在特价日当天（下一个特价日），我买了 7 盒肉，一共花去 467 元。D：在下一个蔬菜特价日的前一天，我买了西兰花，一个是 23 元。E：在那之后的第 2 个肉类特价日就在昨天。请问今天是几月几日星期几？

❶ 蔬菜特价日在星期二，肉类特价日在星期五

❷ 6 月 6 日是星期三 A

❸ 在 6 月 6 日的下一个蔬菜特价日购物了 B

❹ 在下一个特价日买了肉 C

❺ 在下一个蔬菜特价日的前一天买了西兰花 D

❻ 在那之后的第 2 个肉类特价日就在昨天 E

请在日历中填入相应的信息，不要忘记标注日期和星期。

星期天	星期一	星期二 蔬菜特价日	星期三	星期四	星期五 肉类特价日	星期六
			6 A	7	8	9
10	11	12 B	13	14	15 C	16
17	18 D	19	20	21	22	23
24	25	26	27	28	29 E 昨天	30 今天

答案　6 月 30 日星期六

问题 6

我有很多颗弹珠。其中，8 颗是红色的，5 颗是蓝色的，9 颗是黄色的，4 颗是透明的。给了妹妹 3 颗蓝色的。本来打算给弟弟 4 颗黄色的，结果弟弟想要透明的，因为我也很喜欢透明弹珠，所以最后给了弟弟 2 颗透明的。这时候，妈妈给我们三人各买了 3 颗透明弹珠。我很高兴就玩起了弹珠，乐极生悲，发现 5 颗红色弹珠找不到了。这时，妹妹用她 2 颗红色弹珠和我交换了紫色弹珠。后来，妹妹又和弟弟交换了 3 颗弹珠。这 3 颗弹珠颜色相同，但具体什么颜色无从得知，不过弟弟说交换之后他的蓝色弹珠是红色的 2 倍。玩过之后，我开始收拾弹珠。在房间的角落发现了 3 颗红色弹珠，这样一来我丢失的弹珠就只有 2 颗了。请问，现在我有多少颗弹珠？

答案：

▶ 正确答案在下一页！

从题干中可知，最开始我的弹珠颜色除了红色、蓝色、黄色、透明之外，还有紫色的。因为无法获悉最初紫色弹珠的数量，所以本题无解。

答案　本题无解

问题 7

我家的院子里养着鸡和鸭。5 天前，有 3 只逃跑了。在那天的第 2 天，我又买了 7 只鸡和 6 只鸭。3 天前，有 4 只鸭逃跑了。2 天前，有 1 只鸡逃跑了。就在昨天，有 2 只在 5 天前逃走的鸡回来了，同时又来了 3 只野生鸭子。请问现在我家的院子里有多少只鸡？已知 6 天前我家院子里只有 5 只鸡。

答案：

▶正确答案在下一页！

问题只涉及"鸡"，所以关于鸭子的数量我们都可以忽略。

根据题干进行内容的整理（这张表格里我们依旧列入鸭子的数据）。

因为 6 天前我家的院子里只有鸡，所以 5 天前逃跑的都是鸡。

	6 天前	5 天前	4 天前	3 天前	2 天前	昨天
鸡	5	-3	+7		-1	+2
鸭			+6	-4		+3

5 只－3 只＋7 只－1 只＋2 只＝10 只

答案　10 只

小娜去超市买东西。首先，她把 1 个单价为 12 元的西兰花放进购物篮。接着，她在购物篮中放入 3 捆单价为 10 元的菠菜，5 根单价为 7 元的黄瓜。在水果区，她看到火龙果的单价为 12 元，柚子的单价为 11 元，她一共买了 5 个。在超市又转了一圈，她发现有 3 根打包成一盒、售价为 15 元的黄瓜，于是她把之前拿的 3 根黄瓜放回原处，拿了一盒黄瓜放入购物篮。请问，所有商品的总价是多少？已知小娜买了 3 个柚子。

答案：

▶正确答案在下一页！

本题的问题是"所有商品的总价是多少"，
所以来整理一下购买的商品有哪些。

❶ 1 个单价为 12 元的西兰花

❷ 3 捆单价为 10 元的菠菜

❸ 5 根单价为 7 元的黄瓜→还回去 3 根，即 2 根单价为 7 元的黄瓜

❹ 单价为 12 元的火龙果，单价为 11 元的柚子，一共买了 5 个
　　→已知买了 3 个柚子，所以火龙果为 2 个，
　　即买了 2 个单价为 12 元的火龙果和 3 个单价为 11 元的柚子

❺ 1 盒售价为 15 元的每盒 3 根装的黄瓜

12 元＋ 10 元 / 捆 ×3 捆＋ 7 元 / 根 ×2 根＋ 12 元 / 个 ×2 个＋
11 元 / 个 ×3 个＋ 15 元 / 盒 ×1 盒
＝ 12 元＋ 30 元＋ 14 元＋ 24 元＋ 33 元＋ 15 元
＝ 128 元

答案　128 元

问题
9

学校有五个社团。在我的班级中，参加足球社团的有10人，篮球社团的有8人，棒球社团的有5人，音乐社团的有3人，美术社团的有6人。此外，有3人什么社团都没有参加，有7人参加了两个社团。没有参加三个及以上社团的学生。请问班级里有学生多少人?

答案:

▶正确答案在下一页!

如果将所有参加社团的学生数量相加的话，参加两个社团的学生数量被计算了 2 次。

　　因此在将所有参加社团的学生数量相加之后，需要减去同时参加两个社团的学生数量，也就是减去 7 人。最后，不要忘记加上什么都没参加的学生数量哦。

$$(10 人＋8 人＋5 人＋3 人＋6 人－7 人)＋3 人＝28 人$$

答案　28 人

问题 10

明美今年 8 岁，她有一个大 13 岁的表哥，一个 12 岁的表姐，一对 4 岁的双胞胎弟弟。弟弟们各有 2 支铅笔，明美有 6 支，表哥的铅笔数量和年龄相同，表姐的铅笔数量是明美的 3 倍。他们一共有多少支铅笔？

答案：

▶正确答案在下一页！

表哥的年龄是：8 岁＋13 岁＝21 岁。这一步不要搞错了！

大家持有的铅笔数量：

　双胞胎弟弟　　2 支 / 人 ×2 人＝4 支

　明美　　　　　6 支

　表哥　　　　　21 支

　表姐　　　　　6 支 ×3 ＝18 支

　4 支＋6 支＋21 支＋18 支＝49 支

答案　49 支

问题 1

在我 2 岁的时候,家门前建了一个公园。在弟弟 3 岁时,公园里栽种了 1 棵樱花树。5 年之后,公园里又栽种了 2 棵樱花树。在爸爸 40 岁那年,我正好 8 岁,那一年家附近准备修建新的火车站。1 年后投入运营时,妈妈 39 岁,这时候,公园里已经有 7 棵樱花树了。火车站每小时会有 8 辆火车停站,其中 2 辆是快速火车。也就是说,从早上 8 点到晚上 8 点,一共会有 24 辆快速火车在这个站点停靠。在火车站投用 10 周年之际,5 岁的弟弟还在典礼上给火车站负责人送上了一束花。此后 3 年,公园里的樱花树枯了 1 棵,但其余的都长势良好,每年会吸引很多人来赏花。爸爸比妈妈大 2 岁,他们结婚多年感情很好,现在还会去公园的樱花树下散步。请问,在我 20 岁的时候弟弟几岁?

答案:

▶正确答案在下一页!

根据题干，进行年龄的整理（只整理必要的数据）。

如下表所示，粗体数字表示题干中出现的数，○中数字表示根据内容推导出来的数。

爸爸	40	㊶		
妈妈	㊳	39		
我	8	⑨	⑲	⑳
弟弟			5	⑥
火车站		0	10	

根据上表，可知答案。

答案　6岁

问题 2

学校有五个社团。在我的班级中，参加足球社团的有 9 人，篮球社团的有 12 人，棒球社团的有 6 人，音乐社团的有 8 人，美术社团的有 7 人。此外，有 5 人什么社团都没有参加，有 6 人参加了三个社团。请问班级里有学生多少人？已知没有参加两个或四个及以上社团的学生。

答案：

▶正确答案在下一页！

63

"有 6 人参加了三个社团"，根据这一信息可知，如果将所有参加社团的学生数量相加的话，参加三个社团的 6 名学生数量就等于被计算了 3 次。

　　因此在将所有参加社团的学生数量相加之后，需要减去 2 次 6 人的数量。这是能否写出正确答案的关键。

（9 人＋12 人＋6 人＋8 人＋7 人－6 人 ×2）＋5 人＝35 人

答案　35 人

问题 3

今天，妈妈叫小娜去超市买肉和鱼，她嘱咐小娜鱼类总价不要超过肉类总价。在肉类区，小娜拿了许多肉放进购物篮：每 500g 为 58 元的牛肉 2000g、每 500g 为 25 元的猪肉 2500g、每 500g 为 20 元的肉馅 1500g。在鱼类区，她把许多鱼放进购物篮：每盒 21 元里面有 2 块鱼肉的青花鱼 3 盒、"1 条 15 元，3 条打包 40 元"的秋刀鱼 5 条、每盒 75 元里面有 5 块鱼肉的鲷鱼 3 盒、每盒 50 元里面有 3 块鱼肉的鲷鱼若干盒。在收银台，小娜发现鱼类总价已经超过了肉类总价，于是她退了 1 盒 50 元的鲷鱼。请问付款 1000 元后，找零多少钱？

答案：

▶正确答案在下一页！

本题的问题是"付款 1000 元后，找零多少钱"。首先，我们需要计算购物的总价是多少，首先进行信息的整理吧。

❶ 每 500g 为 58 元的牛肉 2000g

❷ 每 500g 为 25 元的猪肉 2500g

❸ 每 500g 为 20 元的肉馅 1500g

❹ 每盒 21 元的青花鱼 3 盒

❺ 3 条 40 元的秋刀鱼 3 条

❻ 每条 15 元的秋刀鱼 2 条

❼ 每盒 75 元的鲷鱼 3 盒

❽ 每盒 50 元的鲷鱼 □ 盒

"鱼类总价已经超过了肉类总价，于是她退了 1 盒 50 元的鲷鱼"，根据题干内容，可知一开始小娜拿的鱼类商品总价稍微超过了肉类总价。

※ 肉类总价

58 元 ×4 ＝ 232 元

25 元 ×5 ＝ 125 元

20 元 ×3 ＝ 60 元

232 元 ＋ 125 元 ＋ 60 元 ＝ 417 元

※ 鱼类总价

21 元 / 盒 ×3 盒 ＝ 63 元

　　　　　　　　　　　　40 元

15 元 / 条 ×2 条 ＝ 30 元

75 元 / 盒 ×3 盒 ＝ 225 元

到这一步为止，购买鱼类的总价为：

63 元 ＋ 40 元 ＋ 30 元 ＋ 225 元 ＝ 358 元

※ 因为妈妈嘱咐"鱼类总价不要超过肉类总价"，所以接下来还能购买鱼类的金额最多是：

417 元 － 358 元 ＝ 59 元

能够购买每盒 50 元的鲷鱼 1 盒。

※ 购物总价

417 元 ＋ 358 元 ＋ 50 元 ＝ 825 元

付款 1000 元后，可以找零：

1000 元 － 825 元 ＝ 175 元

答案　　175 元

问题 4

在光明小学，每个班级的学生都不超过 30 人。某天，在五（1）班的学生中，穿白鞋的有 18 人，穿白衬衫的有 8 人，穿黑鞋的有 7 人，穿黑衬衫的有 9 人，穿蓝鞋的有 3 人，穿蓝衬衫的有 6 人，戴蓝帽的有 14 人，穿黄衬衫的有 7 人。

已知学生不会穿任意两色及以上混合颜色的衬衫、鞋子、帽子。

① 同时穿"黑鞋"和"黑衬衫"的学生在几人以上几人以下？

② 同时穿"白鞋"和戴"蓝帽"的学生在几人以上几人以下？

③ 在"鞋子""衬衫""帽子"中，至少有一类穿戴有蓝色的学生，在几人以上几人以下？

答案：①　　　　　　　②　　　　　　　③

▶正确答案在下一页！

首先，需要计算出五（1）班的学生数量。

通过"鞋子"考虑：18 人＋7 人＋3 人＝28 人

通过"衬衫"考虑：8 人＋9 人＋6 人＋7 人＝30 人

通过"帽子"考虑：14 人

由此可知，班上至少有 30 名学生。

根据题干信息"每个班级的学生都不超过 30 人"，可知五（1）班的学生数量刚好是 30 人。

① 假设穿黑鞋的学生都穿黑衬衫，那么这就是同时穿"黑鞋"和"黑衬衫"人数的最大值，也就是 7 人。

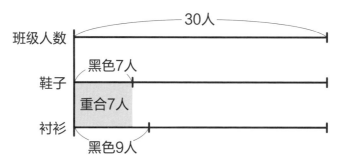

假设穿黑鞋的学生都没有穿黑衬衫，那么这就是同时穿"黑鞋"和"黑衬衫"人数的最小值，也就是 0 人。

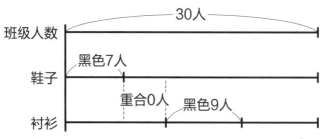

答案　0 人以上 7 人以下

②与题①相同，假设穿白鞋的学生都戴蓝帽，那么这就是同时穿"白鞋"和戴"蓝帽"人数的最大值，也就是 14 人。

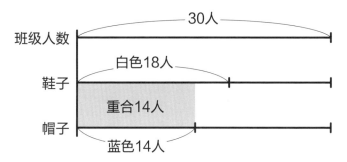

求同时穿"白鞋"和戴"蓝帽"人数的最小值，就是要得出它们"重合部分"的最小值。因为全班共有 30 人，如下图所示，无论如何都有重合的部分。

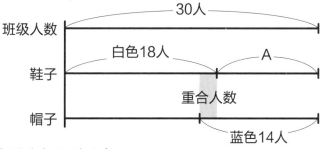

求出重合部分的人数。

18 人＋14 人＝32 人，为穿白鞋戴蓝帽的学生不重合的情况

32 人－30 人＝2 人

本题还有另一种解法。

30 人－18 人＝12 人，即上图 A 部分

14 人－12 人＝2 人

答案　2 人以上 14 人以下

③如下图所示，当"至少有一类穿戴有蓝色"的最小值出现的时候，是 14 人。

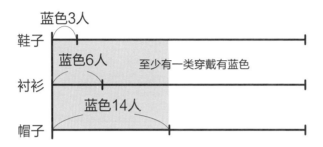

如下图所示，当"至少有一类穿戴有蓝色"的最大值出现的时候，是 3 人＋ 6 人＋ 14 人＝ 23 人。

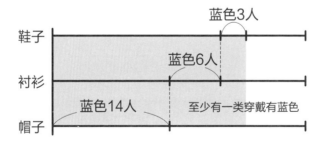

答案　14 人以上 23 人以下

问题 5

每周的星期二是蔬菜特价日，星期五是肉类特价日。在星期二，所有蔬菜减价1元。在星期五，牛肉、猪肉、鸡肉减价2元。6月6日是星期三，我买了253元的东西。在接下来的蔬菜特价日里，我买了价值318元的蔬菜，打折后是299元。从这一天到下一个特价日之间，我什么东西都没买。在特价日当天，我买了7盒肉，一共花去467元。在下一个肉类特价日的前一天，我买了肉馅，一盒300g的价格是65.2元。在那之后的第4个蔬菜特价日就在昨天。请问今天是几月几日星期几？已知6月有30天，7月有31天。

答案：

▶正确答案在下一页！

本题的问题是"今天是几月几日星期几",因此有关购物金额一概是不需要的信息。

然后对题干信息进行整理。

①6月6日是星期三 A

②在6月6日的下一个蔬菜特价日购物了→"下一个特价日"是蔬菜特价日,也就是星期二 B

③在下一个特价日买了肉 C

④在下一个肉类特价日的前一天买了肉馅 D

⑤在那之后的第4个蔬菜特价日就在昨天 E

	星期天	星期一	星期二 蔬菜特价日	星期三	星期四	星期五 肉类特价日	星期六
6月				6 A	7	8	9
	10	11	12 B	13	14	15 C	16
	17	18	19	20	21 D	22	23
	24	25	26	27	28	29	30
7月	1	2	3	4	5	6	7
	8	9	10	11	12	13	14
	15	16	17 E	18 今天	19	20	21

答案　7 月 18 日星期三

问题 6

在班上，每天都会进行汉字测验，满分是 10 分。"如果你在汉字测验中拿到了高分，我就给你零花钱。"爸爸对我说："10 分奖励 30 元，9 分奖励 20 元，8 分奖励 10 元。如果考不到 7 分，就要打扫浴缸"。于是，我和爸爸达成了共识。从星期一到星期五，我参加了 5 天的测验，一共从爸爸那里拿到了 50 元奖励，也没有打扫浴缸。不过，其实有一天的测验我只拿了 6 分，我偷偷把分数改成了 8 分。爸爸很快发现了破绽，狠狠批评了我，除了按照实际得分计算奖励外，还对我进行了惩罚：一是从原本应得的奖励中扣除 10 元；二是加罚 1 次打扫浴缸。请问，最后我一共拿到了多少奖励？打扫了几次浴缸？

答案：

▶正确答案在下一页！

首先进行信息的整理。

❶ 拿到 50 元奖励，也没有打扫浴缸

❷ 其实在❶中进行了欺骗：6 分（0 元·打扫浴缸）→ 8 分（10 元）

❸ 实际情况应是比 50 元少 10 元，同时打扫浴缸 1 次。

　　50 元 － 10 元 ＝ 40 元，即实际情况应为拿到 40 元奖励，打扫浴缸 1 次。

❹ 作为惩罚，扣除 10 元，加罚 1 次打扫浴缸。

　　零花钱：40 元 － 10 元 ＝ 30 元

　　打扫浴缸：1 次＋1 次 ＝ 2 次

答案　拿到 30 元奖励，打扫浴缸 2 次

问题 7

每天早上，小芳都在 7 点 45 分从家里出发，到花店门口和朋友会合，再一起去学校。昨天，她在花店门口等了 10 分钟，然后和朋友在上课前 15 分钟到达学校。今天朋友请假，小芳一个人去上学。她比平常迟 5 分钟从家里出发，走到半路发现忘带了东西，于是马上回家从妈妈那里拿了东西，然后往学校走去。最后，她踩着点到了学校。已知小芳每天走路去学校的速度和路线都相同。请问小芳发现忘带东西的时候是几点几分？

答案：

▶ 正确答案在下一页！

首先，进行信息的整理。

❶ 昨天：小芳7点45分从家里出发→等待朋友10分钟→上课前15分钟到校

❷ 今天（没有忘带东西的情况）：迟5分钟从家里出发（＋5分钟）→没有等朋友（－10分钟）

＝预计比昨天提早5分钟到校

＝预计上课前20分钟到校

❸ 今天（忘带东西的情况）：上课时正好到校，即比"没有忘带东西的情况"迟20分钟到校，

然后，把小芳的路线画成图表。

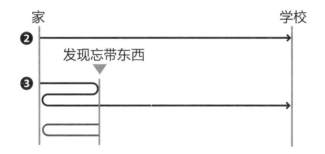

如上图所示，与没有忘带东西直接去学校的情况（❷）相比，发现忘带东西回家去取的情况（❸），小芳多走了一段路（红线部分），也就是从发现忘带东西的地方到家的往返距离。

我们已经知道，红线部分所需要的步行时间是20分钟。那么，从家到发现忘带东西的地方，所花费的时间就是10分钟。

已知今天小芳从家里出发的时间为：7点45分＋5分＝7点50分。

所以小芳忘带东西的时间为：7点50分＋10分＝8点

答案 8点

问题 8

10 岁的俊雄在写数学练习题。整本练习册一共有 80 道题，他被 [问题 19] 难住了，一直思考到深夜 0 点。这时候，俊雄开始了他的 11 岁生活。今天是 8 月 2 日，是俊雄的生日。

在 [问题 19] 中，俊雄错把51 加"某数"计算成了 51 减"某数"。结果，正确答案和他的答案之差为 16。等到他发现错误的时候，已经超过凌晨 1 点了。接下来的 [问题 20] 的答案，很凑巧，和 [问题 19] 的"某数"相同。已知俊雄在 80 道题中只答到第 20 题，他打算明天一定要完成一半的问题。请问 [问题 20] 的答案是什么？

答案:

▶ 正确答案在下一页！

本题的问题是"[问题 20] 的答案是什么",也就是说,求的是 [问题 19] 的"某数"。

首先过滤无关信息,对相关数字进行整理。

❶ 51 加"某数"是正确答案

❷ 51 减"某数"是错误答案

❸ 正确答案和错误答案相差 16

用线段图表示某数的关系,如下图所示。

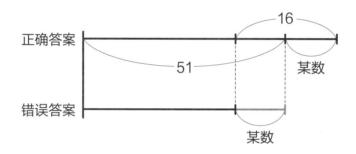

某数为: 16÷2 = 8

答案　8

问题
9

☆ 9 岁的小春有 42 元，6 岁的弟弟有 39 元。第二天，他们的零花钱发生了变化，小春有 30 元，弟弟有 20 元。这是 4 月春日里一个暖洋洋的日子。又过了 7 天，我约小春一起学习。但在约好的 4 月 24 日，我得了感冒，于是我告诉小春，想把一起学习的日期延迟到 4 天之后。小春爽朗地说了声"好的"。但我想她可能有一点点小失望。☆

请问，在本题的 ☆ ～ ☆ 之间，出现了多少次"日"字？

答案：

▶正确答案在下一页！

正确阅读文本、字词，是我们学习的最基础部分。

☆ 9 岁的小春有 42 元，6 岁的弟弟有 39 元。第二天，他们的零花钱发生了变化，小春有 30 元，弟弟有 20 元。这是 4 月春日里一个暖洋洋的日子。又过了 7 天，我约小春一起学习。但在约好的 4 月 24 日，我得了感冒，于是我告诉小春，想把一起学习的日期延迟到 4 天之后。小春爽朗地说了声"好的"。但我想她可能有一点点小失望。☆

答案　4 次

问题 10

我养了黄色、蓝色、白色的 3 种小鸟。6 天前，有一半的蓝色小鸟飞走了，只剩下 6 只。在那之后的第 2 天，白色小鸟产下的 5 只蛋中，有 3 只孵化出了雏鸟。4 天前，我把一半的黄色小鸟给了朋友。在那之后的第 2 天，我又去市场买了一些黄色小鸟，数量是白色小鸟和蓝色小鸟的数量之差。不过，买到的黄色小鸟中有 3 只是用白色小鸟伪装的，我数了数黄色小鸟还有 10 只。已知现在我的小鸟和雏鸟一共有 29 只。请问在 6 天前我的黄色、蓝色、白色小鸟各有多少只？

答案：

▶正确答案在下一页！

将本题信息整理成表格的形式。

	最开始 A	6 天前 B	此后第 2 天 C	4 天前 D	此后第 2 天 E	现在 F
黄色	□	□	□	送出一半 □ ÷ 2	购买蓝白两色小鸟数量之差 □ ÷ 2 +（蓝白两色小鸟数量之差）	发现 3 只伪装 □ ÷ 2 +（蓝白两色小鸟数量之差）－ 3 = 10
蓝色	○	飞走一半 ○ ÷ 2 = 6	○ ÷ 2 = 6	○ ÷ 2 = 6	○ ÷ 2 = 6	○ ÷ 2 = 6
白色	△	△	△ 雏鸟出生 △ + 3	△ + 3	△ + 3	△ + 3 + 3 = △ + 6
合计						29

为了方便理解，我们将各个时间用字母来表示：最开始为"A"，6 天前为"B"，此后第 2 天为"C"，4 天前为"D"，此后第 2 天为"E"，现在为"F"。

在 B 日，蓝色小鸟数量为○ ÷ 2 = 6，即○ = 6×2 = 12。

在 F 日，已知"黄色小鸟有 10 只，蓝色小鸟有 6 只，合计共 29 只"，可知 F 日的白色小鸟为 29 －（10 + 6）= 13（只）。

已知△ + 6 = 13，即△ = 13 － 6 = 7。

	最开始 A	6 天前 B	此后第 2 天 C	4 天前 D	此后第 2 天 E	现在 F
黄色	□	□	□	送出一半 □ ÷ 2	购买蓝白两色小鸟数量之差 □ ÷ 2 +（蓝白两色小鸟数量之差）	发现 3 只伪装 □ ÷ 2 +（蓝白两色小鸟数量之差）－ 3 = 10
蓝色	12	飞走一半 12 ÷ 2 = 6	6	6	6	6
白色	7	7	雏鸟出生 7 + 3=10	10	10	13
合计						29

在 E 日，蓝白两色小鸟数量之差为 10 － 6 = 4（只）。因此在 F 日，黄色小鸟为：□ ÷ 2 + 4 － 3 = 10

□ =（10 + 3 － 4）×2 = 18

答案　6 天前我的黄色小鸟有 18 只、蓝色小鸟有 12 只、白色小鸟有 7 只

问题 1

学校有五个社团。在我的班级中，参加足球社团的有 11 人，篮球社团的有 10 人，棒球社团的有 9 人，音乐社团的有 15 人，美术社团的有 8 人。此外，有 6 人什么社团都没有参加，有 8 人参加了两个社团，有若干人参加了三个社团。已知全班共有 41 人，且禁止学生参加四个及以上数量的社团。请问参加了三个社团的学生有多少人？

答案：

▶正确答案在下一页！

先不考虑同时参加三个社团的学生，然后计算一下人数。

（11 人＋ 10 人＋ 9 人＋ 15 人＋ 8 人－ 8 人）＋ 6 人＝ 51 人

实际上，全班人数是 41 人，51 人－ 41 人＝ 10 人。也就是说，多计算了 10 人。

已知"有若干人参加了三个社团"，即这部分学生数量就相当于被多计算了 2 次。被多计算的 10 人的一半，就是"同时参加三个社团的学生"的人数。

10 人 ÷2 ＝ 5 人

答案　5 人

问题 2

9 岁的晓锋在写数学练习题，1 个系列的练习册一共有 5 册。第 3 册一共有 15 道题，其中问题 8 颇有难度，晓锋一直思考到晚上 9 点。此时，晚饭时间已经过了 3 个半小时。晓锋觉得肚子饿了，于是去泡了一碗方便面。等待泡好需要 3 分钟，不过急性子的晓锋在 2 分 40 秒的时候，就打开盖子开始吃了。用了 5 分 21 秒，晓锋吃完了方便面，又继续开始作答数学练习题。在做第 3 册问题 8 时，晓锋错把某数□减去某数○计算成了某数□加上某数○。等到他发现错误的原因时，正好是吃完泡面的 11 分钟后。晓锋的错误答案减去 86 后，就是正确答案。晓锋继续思考了 10 分钟，这时他不经意间看到了方便面的保质日期，是 5 月 7 日。而今天是 27 日，已经过了保质期了。7 岁的弟弟晓华一直陪着晓锋，他说："问题 8 的答案是 57。"这就是正确答案。为什么 7 岁的弟弟能回答出正确答案？晓锋百思不得其解。请在□中填入合适的数字。

答案：

▶正确答案在下一页！

本题的问题是"在□中填入合适的数字"。过滤无关信息，对相关数字进行整理。

❶ 某数□减去某数○是正确答案。

❷ 某数□加上某数○是错误答案。

❸ 正确答案和错误答案相差86。

❹ 正确答案是57。

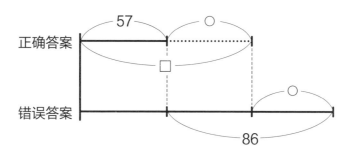

○ = 86 ÷ 2 = 43

□ = 57 + 43 = 100

答案   100

问题 3

我非常喜欢喝"绿之原浓醇牛奶"。每天我都要喝1瓶500mL 的牛奶。其实我是想每天喝 2 瓶的，但我知道如果喝到 800mL 以上，可能肚子就会不舒服了。所以，我还是有所节制。"绿之原浓醇牛奶"不仅味道好喝，而且每个瓶子上还会附有 1 张贴纸。集齐 3 张贴纸，就能免费换 1 瓶 500mL 的牛奶。在我家附近的超市里，"绿之原浓醇牛奶"的价格一般是 2 瓶 500mL 打包价 18 元。在超市附近的便利店里，1 瓶的价格是 10 元。下个星期我准备喝 10 瓶牛奶，并打算花最少的钱买到 10 瓶 500mL 规格的"绿之原浓醇牛奶"。请问，我需要准备多少钱？

答案：

▶正确答案在下一页！

已知用 3 张贴纸可以换得 1 瓶牛奶。假设买的牛奶是○，换的牛奶是△。

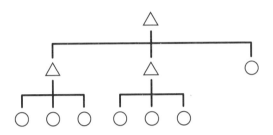

如上图所示，这样一来就可以获得 10 瓶牛奶了。需要自己买的牛奶只有 7 瓶。

购买 7 瓶 500mL 规格的"绿之原浓醇牛奶"，最便宜的买法是：在超市购买 18 元的 2 瓶打包装 3 组，在便利店购买 10 元的 1 瓶。

18 元 / 组 ×3 组＋10 元 / 瓶 ×1 瓶＝ 64 元

答案　64 元

问题 4

今年，小春 5 岁，小夏 7 岁，小秋 11 岁，小冬 14 岁。她们是四姐妹，都喜欢收集弹珠。小夏的弹珠数量是小春的 3 倍。小秋的弹珠数量是小夏的减去小春的再加上小冬的。小冬的弹珠数量是小夏的一半。小冬和小春约定，在明年小春的生日上，会给她 3 颗弹珠。到那时，两人的弹珠之和为 15 颗。请问，现在四姐妹的弹珠数量各是多少？

答案：

▶正确答案在下一页！

将信息整理成线段图。

❶ 小夏的弹珠数量是小春的 3 倍

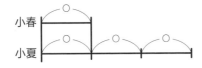

❷ 小秋＝小夏－小春＋小冬（暂时先放一下）

❸ 小冬的弹珠数量是小夏的一半

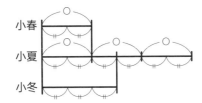

（回到上一步）

❷ 小秋＝小夏－小春＋小冬

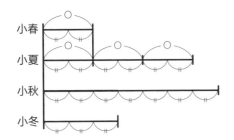

❹ 已知"会给她 3 颗弹珠。到那时，两人的弹珠之和为 15 颗"，然而不管小冬给小春多少颗弹珠，都不影响她们两人的弹珠之和。因此重要信息是到那时"两人的弹珠之和为 15 颗"。

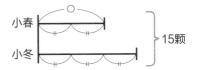

根据以上整理的信息，我们就可以解出问题了。

1 个 ⌣ 代表：15 颗 ÷ 5 ＝ 3 颗

小春：3 颗 ×2 ＝ 6 颗

小夏：3 颗 ×6 ＝ 18 颗

小秋：3 颗 ×7 ＝ 21 颗

小冬：3 颗 ×3 ＝ 9 颗

答案　小春 6 颗、小夏 18 颗、小秋 21 颗、小冬 9 颗。

问题 5

假设（x）表示"大于 x 的最小整数"，并且当"x = 0"的时候，（x）等于"10"；当"x 为除 0 以外的整数"的时候，（x）等于"x − 1"。

根据这一规律，（2.1）表示"大于 2.1 的最小整数"，即（2.1）= 3。同样，还可以推出（5.8）= 6，（0）= 10，（7）= 6 等等。根据规律，请进行计算。

① （4.3）=

② $(\frac{20}{7})$ =

③ $(\frac{48}{6})$ =

④ （9.34）−（5.7）=

⑤ （6 ×（1.3）−12）+（0.4）=

⑥ （1+（1−（1）））=

答案：①　　　②　　　③　　　④　　　⑤　　　⑥

▶正确答案在下一页！

让我们一步一步，细心思考解答。

① (4.3)=5

② ($\frac{20}{7}$)=(2.85⋯)=3

③ ($\frac{48}{6}$)=(8)=8-1=7

④ (9.34)-(5.7)=10-6=4

⑤ (6×(1.3)-12)+(0.4)

  =(6×2-12)+1

  =(0)+1

  =10+1

  =11

⑥ (1+(1-(1)))

  =(1+(1-0))

  =(1+(1))

  =(1+0)

  =(1)

  =0

问题 6

阳阳同学和乐乐同学比赛谁在这一次考试中的成绩更高。他们的比法是：从语文、数学、英语这 3 门科目中，选取得分高的 2 门进行分数之和的比较。在本次考试中，阳阳的弱项英语是语文成绩的一半，数学比美术高 12 分。语文考得非常好，只比满分低 4 分；乐乐的语文只考了 40 几分，拿手的数学只比满分低 15 分，英语成绩是语文的 2 倍。此外，阳阳的美术考了 56 分，乐乐的美术比他还低 7 分。请问他们两人的成绩比赛谁赢了？已知满分为 100 分。

答案：

▶正确答案在下一页！

将两人的成绩进行整理。

阳阳

语文：100 － 4 ＝ 96（分）

数学：56 ＋ 12 ＝ 68（分）

英语：96÷2 ＝ 48（分）

美术：56 分

乐乐

语文：40 分 ~49 分

数学：100 － 15 ＝ 85（分）

英语是语文成绩的 2 倍，即 80 分 ~98 分

美术：56 － 7 ＝ 49（分）

	语文	数学	英语	得分高的2门（红字）分数之和
阳阳	96 分	68 分	48 分	164 分
乐乐	40 分 ~ 49 分	85 分	80 分 ~ 98 分	165 分 ~ 183 分

根据上表可知，乐乐同学得分高的 2 门分数之和最低的情况为 165 分，也比阳阳同学的 164 分要高。

答案　乐乐同学

问题 7

存钱罐里有 23 枚 1 元硬币。5 小时前，我从存钱罐里取出了若干枚硬币，放进口袋。其中，左边口袋比右边多放了 3 枚。4 小时前，我买了 2 块糖果，总价是 3 元。我从右边口袋拿出了 2 元，从左边口袋拿出了 1 元。3 小时前，我给了哥哥 1 块糖果，哥哥给了我 2 元，我把钱放进了左边口袋。2 小时前，我从左边口袋拿了 3 元放进右边口袋。1 小时前，我从左右口袋拿出一半的硬币，放回存钱罐。接着，妈妈又给了我 1 元作为奖励。这时候，我觉得两边口袋里的 1 元硬币应该有 10 枚，但数了数一共只有 8 枚。请问，5 小时前，我往左边口袋放了几枚 1 元硬币？

答案：

▶正确答案在下一页！

根据时间顺序，进行整理。在本题中，我们既不需要考虑存钱罐里的硬币数量，也不需要考虑中途左右口袋的硬币数量变化（最后才从左右口袋切入）。假设一开始取出了□元。

5 小时前	4 小时前	3 小时前	1 小时前		现在
	买糖果	哥哥给零花钱	拿一半放回存钱罐	妈妈给零花钱	
□ 元	－ 3 元	＋ 2 元	÷ 2	＋ 1 元	8 元

根据上表，列式计算。

$(□ － 3 ＋ 2) ÷ 2 ＋ 1 ＝ 8$

$□ ＝ (8 － 1) × 2 － 2 ＋ 3 ＝ 15（元）$

15元也就是15枚1元硬币，即5小时前，把15枚1元硬币放进了两边口袋。

根据"左边口袋比右边的要多放 3 枚"可知：

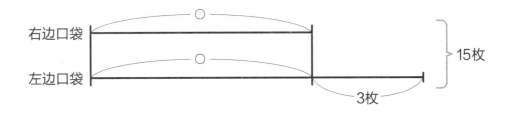

2 个 ⌒ : $15 － 3 ＝ 12$（枚）

1 个 ⌒ : $12 ÷ 2 ＝ 6$（枚）

左边口袋硬币数：$6 ＋ 3 ＝ 9$（枚）

答案　9 枚

问题 8

我所在的小学一共有学生 354 人。今年的毕业典礼，六年级、五年级学生全体参加，还有包括校长在内的 16 名教职员工出席。典礼上，学生全部都坐在长条凳上，每条长凳上六年级学生坐 5 人，五年级学生坐 6 人。全员坐定后，发现六年级学生坐的长凳比五年级多了一条。为了达到美观的效果，五六年级的长凳数量需要相同。于是，六年级有 3 条长凳坐了 6 个人，剩下的学生还是按照坐 5 人的方式来。调整之后，五六年级的长凳数量就相同了。已知六年级和五年级的学生一共有 112 人。请问学生坐的长凳一共有多少条？

答案：

▶正确答案在下一页！

这道题建议大家通过画图来思考。

如图1所示，这是调整后六年级学生的就座方式。

如果六年级学生按照一开始的1条长凳坐5人的方法来，就会多出一些人，需要多一条长凳让●就座。图2

因此我们可以推断出六年级学生人数为"5的倍数＋3"。

图 1　　　　　图 2

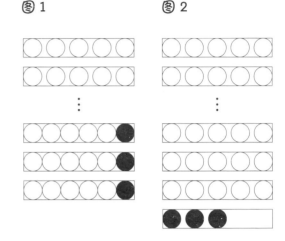

六年级学生人数（根据题干可知长凳数量在3条以上）可能为18人、23人、28人…108人。已知五六年级学生总人数为112人，只要计算出六年级学生的人数，那么五年级学生的人数也就知道了。

如下表所示，我们可以根据各年级人数的情况，来分析长凳的数量。

五年级人数（112人 - 六年级的人数）	94	89	84	79	…	64	59	54	49	…
五年级学生的长凳数量	16	15	14	14	…	11	10	9	9	…
六年级人数（5的倍数 +3）	18	23	28	33	…	48	53	58	63	…
六年级学生的长凳数量	3	4	5	6	…	9	10	11	12	…

五六年级长凳数量相同的情况只有一种，当五年级学生为59人、六年级学生为53人时，长凳数量都是10条。

$10 + 10 = 20$（条）

答案　20 条

问题 9

15 岁的嘉嘉和朋友静静结伴去高高山郊游。高高山，山并不如其名，只是一座海拔 237 米的小山。嘉嘉早上 6 点起床，步行 3 分钟去公交站。这时，5 路公交正好来了。出发的这一天是星期日，原本到火车站只需要 30 分钟的车程，因为堵车花了整整 50 分钟。从火车站前的公交站下车，买了车票再去月台，前后一共花去 8 分钟。其中，步行时间是 6 分钟。车票每人 370 元。嘉嘉看到静静已经在月台等她了。静静这一天 7 点 6 分出门，已经等了嘉嘉 10 分钟。从这里去往高高山山麓站，还需要换乘一次火车。等了 4 分钟后，嘉嘉和静静坐上了前往换乘车站的火车。行驶了 38 分钟后，她们一起下了车。从这里前往高高山山麓站的火车每 9 分钟出发一班。离下一班火车还有 5 分钟。在乘坐了 41 分钟火车之后，她们终于到达了高高山山麓站。从山麓到山顶，爬山的话需要 50 分钟。而嘉嘉和静静选择乘坐登山缆车，她们在到站 5 分钟后坐上了缆车。登山缆车票价是 2 人 54 元。在乘坐 13 分钟后，她们到达了高高山的山顶。已知嘉嘉从家里出发的时间是 7 点 18 分。请问两人到达山顶时是几点几分？

答案：

▶正确答案在下一页！

本题必要的信息只有时间，但是需要注意过滤一些干扰的时间信息。

家 ——— 公交站 ——— 火车站前公交站 ——— 月台 ——— 换乘车站
3 分钟　　　　50 分钟　　　　　　　8 分钟 等待 4 分钟　38 分钟　（5 ＋ 9）分钟

——— 山麓站 ——— 登山缆车 ——— 山顶
41 分钟　　　　5 分钟　　　　　13 分钟

根据梳理后的信息，可知花费时间为

3 ＋ 50 ＋ 8 ＋ 4 ＋ 38 ＋（5 ＋ 9）＋ 41 ＋ 5 ＋ 13 ＝ 176（分钟）。

已知嘉嘉从家里出发的时间是 7 点 18 分，即

7 点 18 分 ＋ 176 分 ＝ 7 点 194 分 ＝ 10 点 14 分

答案　（上午）10 点 14 分

问题 10

小北、小南、小东、小西这 4 位同学都有一些玩具汽车。小北比小西的一半要多 8 辆。小南正好是小北的一半。小东拥有的比 8 辆少，小西是小东的 7 倍。请问 4 人各拥有多少辆玩具汽车？已知所有人至少拥有 1 辆玩具汽车。

答案：

▶正确答案在下一页！

在本题中，从小东同学切入，是最简便的方法。

小东：比 8 辆少，也就是 1 辆 ~7 辆；小西：小东的 7 倍；小北：小西的一半＋8 辆；小南：小北的一半。

将信息整理成线段图。

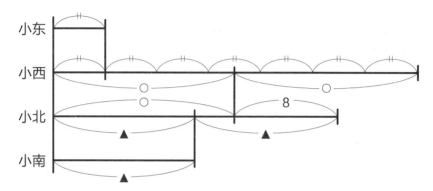

当小东有 1 辆时，小西有 7 辆。可这样一来，7 辆的一半就不会是整数，直接影响到小北的数量。

当小东有 2 辆时，小西有 14 辆，小北就有 15 辆。同样，15 辆的一半也不会是整数，直接影响到小南的数量。

以同样的思路进行解题。

小东 3 辆：小西 21 辆，小北╳

小东 4 辆：小西 28 辆，小北 22 辆，小南 11 辆○

小东 5 辆：小西 35 辆，小北╳

小东 6 辆：小西 42 辆，小北 29，小南╳

小东 7 辆：小西 49 辆，小北╳

答案 小东 4 辆、小西 28 辆、小北 22 辆、小南 11 辆